Aref Shirazi
Adel Shirazy
Ardeshir Hezarkhani

Um modelo baseado em Inteligência Artificial para inquéritos exploratórios optimizados

Aref Shirazi
Adel Shirazy
Ardeshir Hezarkhani

Um modelo baseado em Inteligência Artificial para inquéritos exploratórios optimizados

Geofísica e Geoquímica

ScienciaScripts

Imprint
Any brand names and product names mentioned in this book are subject to trademark, brand or patent protection and are trademarks or registered trademarks of their respective holders. The use of brand names, product names, common names, trade names, product descriptions etc. even without a particular marking in this work is in no way to be construed to mean that such names may be regarded as unrestricted in respect of trademark and brand protection legislation and could thus be used by anyone.

Cover image: www.ingimage.com

This book is a translation from the original published under ISBN 978-620-8-01278-6.

Publisher:
Sciencia Scripts
is a trademark of
Dodo Books Indian Ocean Ltd. and OmniScriptum S.R.L publishing group

120 High Road, East Finchley, London, N2 9ED, United Kingdom
Str. Armeneasca 28/1, office 1, Chisinau MD-2012, Republic of Moldova, Europe
Managing Directors: Ieva Konstantinova, Victoria Ursu
info@omniscriptum.com

Printed at: see last page
ISBN: 978-620-8-62271-8

Um modelo baseado em Inteligência Artificial (IA) para inquéritos exploratórios optimizados

---

(Geofísica e Geoquímica)

Por

Dr. Aref Shirazi

Dr. Adel Shirazy

Prof. Dr. Ardeshir Hezarkhani

Universidade de Tecnologia de Amirkabir (Politécnica de Teerão)

janeiro de 2024

Conteúdo

Metodologia e objectivos 4

Metodologia e objectivos 5

Etapas de trabalho 7

(1) Recolha de dados 7

(2) Processamento de dados 8

(3) Sincronização de dados 11

(4) Fusão de dados 12

(5) Validação dos resultados 12

(6) Controlo no terreno 12

Função de modelo baseada em IA 15

Função de modelo baseada em IA 16

Análise de dados 16

Aprendizagem automática 17

Etapas de formação e teste 17

Formação inicial: 17

Validação da formação 18

Ensaio de modelos 20

Gestão da Qualidade (QC/QA) na Exploração Mineral 23

Gestão da qualidade 24

Qualidade dos dados na exploração mineral 24

Princípios de qualidade em projectos de exploração mineral 25

Programa de controlo de qualidade abrangente na exploração de minerais 27

Classificação qualitativa dos projectos de exploração mineral 31

Conselhos práticos para a garantia de qualidade em operações de exploração no terreno 31

Amostragem exploratória e análise mineral 35
Amostragem geoquímica 36
Ambientes de amostragem geoquímica 37
Amostras de água 38
Amostras geoquímicas de lascas de rocha 38
Amostragem de canal de chip 39
Amostras geoquímicas do solo 43
Amostras geoquímicas de soleira 44
Amostras geoquímicas de sedimentos de cursos de água 45
Análise mineral 46
Métodos químicos húmidos 46
Métodos de espetroscopia 47
Métodos microanalíticos 50
Referências 54

I

Metodologia e objectivos

Metodologia e objectivos

Os levantamentos exploratórios (geoquímicos e geofísicos) são passos importantes e básicos na exploração mineral; A importância desta fase inclui várias razões que estão interligadas; Primeiro, a precisão e exatidão dos dados medidos em comparação com a comunidade investigada, se são representativos da mesma ou não, e podem os dados ser usados como representativos da comunidade em estudos futuros? Em segundo lugar, a densidade dos inquéritos exploratórios, que está diretamente relacionada com os recursos de gestão (tempo, custos, recursos humanos e equipamento); em terceiro lugar, a localização exacta da exploração, que deve ser selecionada propositadamente, de modo a obter os melhores resultados gastando o mínimo de recursos.

Até à data, foram utilizados vários métodos de amostragem e abordagens exploratórias, sendo os mais importantes os métodos de perfilagem e de rede da área de estudo; em cada um destes métodos, são discutidas duas questões básicas: (1) Devem ser medidas todas as células da rede de amostragem ou todos os perfis exploratórios? (2) Qual deve ser a densidade do levantamento exploratório? Para responder de forma optimizada a estas questões, deve ser utilizada a informação básica recolhida anteriormente e qualquer informação relacionada com a mineralização do elemento-alvo existente na área estudada; Inicialmente, de acordo com o elemento-alvo a explorar, este ser analisado através de diferentes camadas de informação, tais como litologia, geologia estrutural, amostras geoquímicas de sedimentos de correntes, geofísica aérea, imagens de satélite, índices, ocorrências e depósitos minerais, chaves exploratórias, bem como o padrão de mineralização específico do elemento-alvo no estudo; Chaves exploratórias significam qualquer informação relacionada com a mineralização do elemento alvo; rochas hospedeiras, halos geoquímicos, principais minerais alvo, minerais de paragénese, tempos geológicos relacionados com a formação do depósito, alterações, tendências e tipos de falhas e lineamentos na região, relações geoquímicas do elemento alvo versus outros elementos, comunidades geoquímicas de halos geoquímicos, caraterísticas geofísicas, distribuição espacial de depósitos e ocorrências minerais, e o padrão de alterações e dispersão dos minerais alvo. Na etapa seguinte, todas as informações recolhidas e analisadas são coordenadas entre si durante um processo designado por sincronização de dados e, depois, na etapa de fusão de dados, a sua integração é feita utilizando Inteligência Artificial (IA); finalmente, as áreas potenciais do elemento alvo são separadas; de facto, estas áreas são uma interpretação da seleção intencional de localizações geográficas para uma exploração óptima.

Os objectivos deste projeto de investigação são: (1) identificação e priorização de localizações geográficas para uma exploração optimizada; (2) estudo e focalização operacional em áreas alvo e promissoras; (3) otimização do consumo de recursos de gestão; (4) aumento da eficiência das operações de exploração em comparação com os métodos clássicos; (5) Identificação de áreas potenciais e exploração de depósitos e recursos minerais de forma padronizada com o menor desperdício de recursos (6) Modelação da exploração de vários elementos usando chaves exploratórias a serem usadas em áreas semelhantes. O algoritmo de estudo da presente investigação é apresentado no fluxograma da Figura 1.

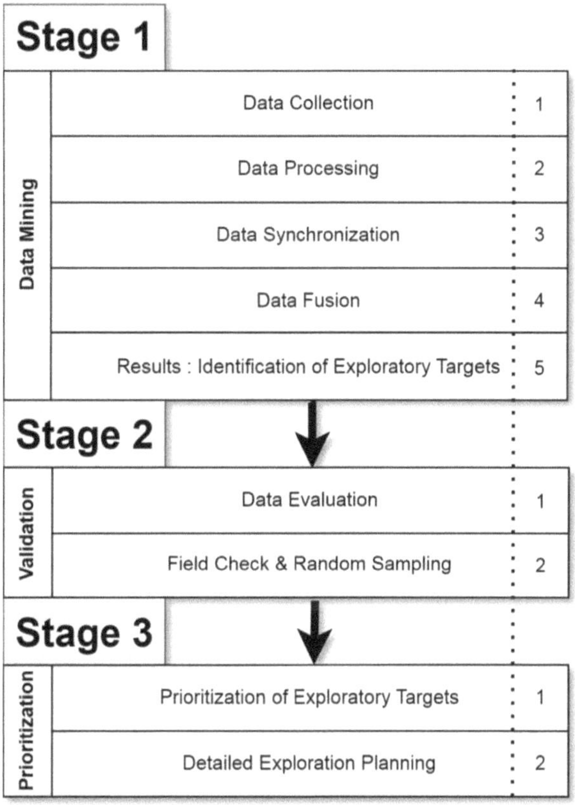

Figura 1: As etapas da investigação.

Etapas de trabalho

(1) Recolha de dados

Nesta fase, devem ser recolhidas todas as informações sobre o elemento-alvo. De acordo com o objetivo do presente projeto de investigação, que consiste em identificar as melhores áreas para exploração, as informações básicas constituem uma grande parte dos dados, que são mencionados a seguir:

- Mapa litológico;
- Mapa de falhas e fracturas;
- Mapa geológico\Mapa de alterações (extraído de imagens de satélite);
- Dados relativos a amostras geoquímicas;
- Dados relativos a amostras de minerais pesados;
- Dados relativos a levantamentos geofísicos;
- Informações sobre minas, depósitos e ocorrências minerais.

(2) Processamento de dados

A análise de dados é feita com o objetivo de extrair chaves exploratórias e identificar o padrão de mineralização do elemento-alvo na área estudada. Nesta fase, todos os dados recolhidos utilizando métodos de extração de dados devem ser processados e várias informações relacionadas com o elemento alvo devem ser extraídas. Entre as informações importantes que podem ser extraídas dos dados básicos padrão estão as seguintes:

Geologia:

- estudo e classificação de informações sobre minas, depósitos e ocorrências minerais;
- A litologia hospedeira da mineralização do elemento alvo;
- Mineralizações dominantes do elemento alvo;
- Alterações relacionadas com a mineralização do elemento alvo;

- Modelo geocronológico da litologia hospedeira.

Geoquímica:

- Análise de dados brutos de amostras de sedimentos de cursos de água;
- Análise de dados de amostras de minerais pesados;
- Identificação da família geoquímica do elemento-alvo;
- Análise dos coeficientes de correlação;
- Separação das anomalias do fundo;
- Mapa dos principais resultados dos factores (Análise Fatorial);
- Análise geométrica fractal;
- Análise de agrupamento do elemento alvo e dos elementos associados.

Geologia estrutural:

- Estudo e análise de falhas;
- Análise de rosáceas (falhas e lineamentos);
- Análise de falhas por fritura;
- Análise fractal de comunidades de falhas;
- Mapa do fator de lineamento das falhas (Mapa LF);
- Calcular a distância das falhas às comunidades de alta intensidade do fator de lineamento.

Imagens de satélite:

- Mapeamento de alterações relacionadas com a mineralização do elemento alvo;
- Destacando falhas e lineamentos na área estudada;

- Mapeamento da litologia.

Geofísica:

- Magnetometria aérea;
- Identificação de falhas profundas;
- Separação das anomalias magnéticas do fundo;
- Determinar os limites das massas intrusivas e exclusivas relacionadas com a mineralização.

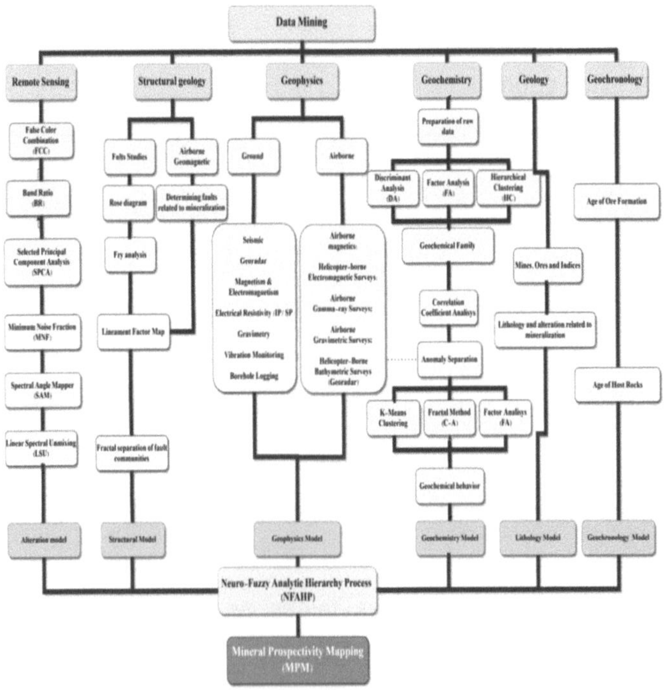

O fluxograma completo dos métodos e análises aplicados nas camadas de informação (Processamento de Dados) é apresentado na Figura 2.

Figura 2: Fluxograma exaustivo da fase de tratamento dos dados.

(3) Sincronização de dados

As camadas de informação analisadas na fase anterior apresentam-se sob diversas formas e, por vezes, de diferentes tipos. Para que as camadas possam ser avaliadas e integradas, é necessário, em primeiro lugar, sincronizar as informações num sistema integrado; para isso, é necessário converter as informações em forma numérica para que possam ser facilmente utilizadas na rede neural artificial e para que as suas relações entre si possam ser analisadas e avaliadas. Informações como imagens de deteção remota, ou mapas relacionados com falhas, anomalias geoquímicas e geofísicas seguem um sistema numérico-pixel e são facilmente convertidas e utilizadas; No caso de informações qualitativas, como o tipo de rocha, o tipo de alterações e o tipo de mineralização dominante, a informação é convertida em existente ou inexistente (0 ou 1); A distância da mineralização aos centros de alta intensidade de falhas é considerada como o critério do número de distância com a mesma unidade; Para quantificar a informação sobre as falhas, o comprimento das falhas, o número de intersecções entre elas e a frequência das falhas são os parâmetros utilizados; Desta forma, todas as camadas de informação e dados analisados tornam-se numa série de informação numérica e são utilizados como entrada da rede neural artificial.

(4) Fusão de dados

Para obter o resultado desejado, ou seja, as zonas óptimas para prospecções exploratórias mais precisas, é necessário combinar as camadas de informação avaliadas com uma ponderação especial, derivada da importância intrínseca, bem como a opinião de peritos e a análise preditiva efectuada pela Rede Neural Artificial (RNA).

(5) Validação dos resultados

Para avaliar a validade do modelo exploratório ótimo, são utilizados a matriz de confusão e o coeficiente Kappa. Neste método, a exatidão e a precisão são avaliadas utilizando as áreas exploratórias óptimas versus as ocorrências minerais do elemento alvo. Desta forma, antes do próximo levantamento exploratório (exploração detalhada), a validade e a precisão dos resultados são verificadas.

(6) Controlo no terreno

Para fazer coincidir as chaves exploratórias com os resultados da análise de dados, as localizações geográficas identificadas devem ser visitadas durante as operações de campo. Durante a verificação no terreno, é feita uma amostragem aleatória (solo, rocha, estanho e secção polida, mineral pesado), bem como medições geofísicas. Nesta fase, pode ser necessário escavar trincheiras-piloto e perfurar furos-piloto para obter mais informações. A fase de validação é apresentada como fluxograma na Figura 2.

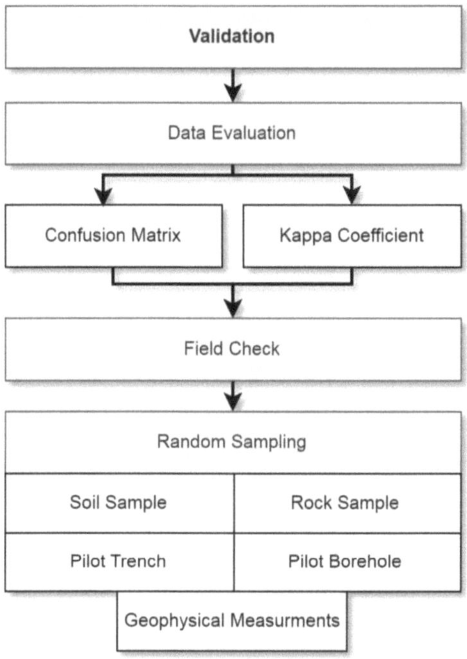

Figura 3: Um fluxograma da metodologia da fase de validação.

(7) Definição de prioridades para os objectivos exploratórios (PET)

Após a identificação da área exploratória óptima e da fase de verificação no terreno, a fim de gerir o processo de exploração do elemento-alvo, cada uma das áreas identificadas é priorizada num sistema de avaliação. Os parâmetros que são efectivos na prioridade de um alvo exploratório são:

- Chaves exploratórias e evidências de mineralização

- Vias de acesso aos alvos exploratórios

- A extensão do halo geoquímico do elemento-alvo

- Elementos e minerais associados ao elemento-alvo

- Flora e fauna dos alvos

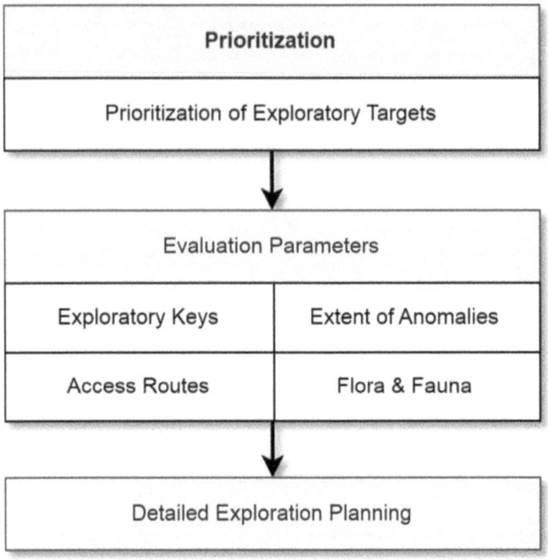

Figura 4. Fluxograma de priorização de alvos exploratórios (PET).

II

Função de modelo baseada em IA

Função de modelo baseada em IA

O modelo baseado em IA destinado a identificar alvos exploratórios é, na realidade, uma extração e visualização de dados; a este objetivo segue-se a aprendizagem automática; a cadeia de dados do modelo baseado em IA é apresentada na Figura 5.

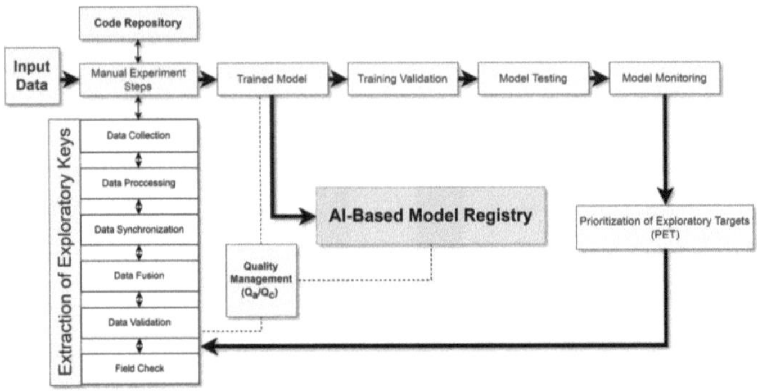

Figura 5. O pipeline de aprendizagem automática.

Análise de dados

A primeira etapa da preparação dos dados é a recolha dos dados reais. Esta etapa envolve a recolha ou geração de dados relevantes e a sua preparação para treinar um modo de aprendizagem automática; foi efectuada uma análise técnica dos dados e foram identificadas chaves exploratórias. Estas chaves são agora fornecidas como entradas para o pipeline de dados do modelo. Para preparar as chaves exploratórias, algumas das quais são quantitativas e outras qualitativas, digitalizá-las-emos todas (com uma escala específica) para utilizar o modelo baseado em IA. Desta forma, os dados de entrada são preparados.

Aprendizagem automática

No modelo baseado na IA, as chaves exploratórias são analisadas utilizando a aprendizagem automática supervisionada e não supervisionada. A rede neural de retropropagação (BPNN) e a rede neural de regressão geral (GRNN) são métodos de aprendizagem automática supervisionada; o agrupamento K-means é uma tarefa de aprendizagem automática não supervisionada. A BPNN e a GRNN são utilizadas para descobrir as relações entre caraterísticas (chaves exploratórias), bem como o agrupamento k-means para as classificar. O objetivo geral de todas as análises baseadas em IA é prever alvos exploratórios; na literatura sobre inteligência artificial, significa previsão.

Etapas de formação e teste

Formação inicial:

Após a recolha e anotação dos dados, o processo de formação pode começar com a introdução dos dados preparados no modelo para identificar quaisquer erros que possam surgir. Uma das melhores práticas na fase inicial de formação é evitar o sobreajuste. O sobreajuste ocorre quando o modelo se torna tendencioso e restrito aos dados de treino; Se um sistema heurístico baseado em IA for treinado, aprende efetivamente a tomar decisões preditivas; Treinos para aprender o modelo corretamente, tais como o tipo de mineralização, rocha, alteração, falhas, geocronologia, caraterísticas geofísicas e geoquímicas; Mas não consegue ter um desempenho adequado quando confrontado com diferentes condições exploratórias. Isto deve-se ao facto de o sistema se ter tornado demasiado especializado e ajustado aos dados de treino específicos e não conseguir generalizar e adaptar-se a novos e diferentes cenários exploratórios. Por outras palavras, em vez de aprender com os dados, o modelo memoriza-os e não consegue funcionar quando há uma discrepância nos dados. O sobreajuste da IA pode ser evitado das seguintes formas (1) Expandir o conjunto de dados de treino (2) Tirar partido do aumento dos dados (3) Simplificar o modelo também pode ajudar a evitar o sobreajuste. Por vezes, a complexidade do modelo torna-o excessivamente ajustado mesmo quando o conjunto de dados é grande.

Validação da formação

Quando a fase de formação inicial estiver concluída, o modelo pode passar à fase seguinte: validação. Na fase de validação, o utilizador corrobora as suas suposições sobre o desempenho do modelo de aprendizagem automática com um novo conjunto de dados denominado conjunto de dados de validação. Os resultados obtidos a partir do novo conjunto de dados devem ser cuidadosamente analisados para identificar eventuais deficiências. Nesta fase, serão detectadas quaisquer variáveis ou lacunas não consideradas. Se o problema do sobreajuste estiver presente, também será visível nesta fase.

Os seguintes quadros podem ser utilizados para validar um modelo de aprendizagem automática:

(1) O quadro mínimo de validação

Quando o conjunto de dados é grande, a estrutura de validação mínima funciona melhor, uma vez que envolve apenas um único teste de validação. A Figura 6 apresenta a estrutura de validação mínima.

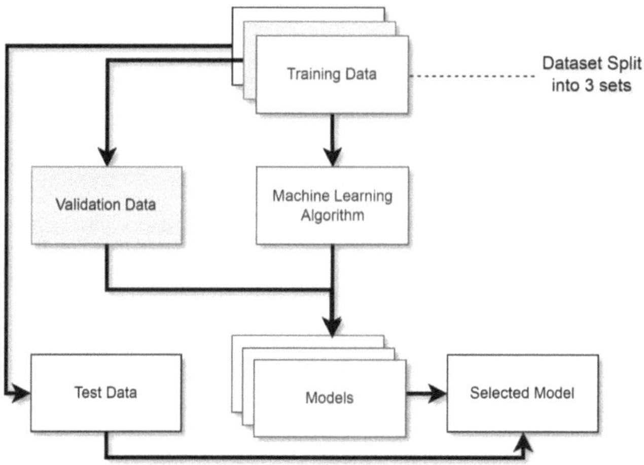

Figura 6: Quadro mínimo de validação.

(2) Quadro de validação cruzada

Uma estrutura de validação cruzada (Figura 7) é semelhante à estrutura de validação mínima; a única diferença é que o modelo é validado várias vezes com um conjunto de dados aleatório. Esta estrutura funciona melhor com projectos mais simples e com conjuntos de dados mais pequenos.

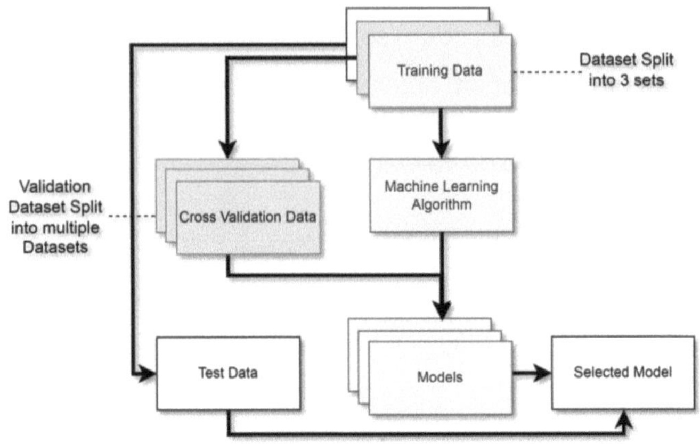

Figura 7. Quadro de validação cruzada.

Ensaio de modelos

O principal objetivo de testar um modelo é avaliar o seu desempenho num conjunto de dados que nunca viu antes. Isto ajuda a compreender o desempenho provável do modelo em aplicações práticas do mundo real. Para testar, usamos um "conjunto de teste", que é um subconjunto de todo o conjunto de dados. Este conjunto de teste é mantido em separado e não é utilizado durante qualquer parte do processo de formação. O teste mede a capacidade de generalização do modelo. Um modelo que tem um bom desempenho nos dados de treino mas um desempenho fraco nos dados de teste é provavelmente sobreajustado, o que significa que memorizou os dados de treino em vez de aprender os padrões subjacentes. Os sete passos seguintes podem ser utilizados para testar o modelo de aprendizagem automática:

(1) Preparação dos dados: Processar o conjunto de teste de forma semelhante aos dados de treino.

(2) Testar o modo: Utilizar o modelo treinado nos dados de teste.

(3) Comparar resultados: Avaliar as previsões do modelo em relação aos valores reais.

(4) Calcular métricas: Calcular as métricas de desempenho relevantes (por exemplo, exatidão para classificação, MAE para regressão).

(5) Análise de erros: Investigar os casos em que o modelo cometeu erros.

(6) Aferição de desempenhos: Comparar com outros modelos ou linhas de base.

(7) Documentar os resultados: Registar as métricas de teste e as informações para referência futura.

Nota:

………………………………………………………………………………………………

………………………………………………………………………………………………

………………………………………………………………………………………………

………………………………………………………………………………………………

………………………………………………………………………………………………

………………………………………………………………………………………………

………………………………………………………………………………………………

………………………………………………………………………………………………

………………………………………………………………………………………………

…………………………………………………………………………

III

Gestão da Qualidade (QC/QA) na Exploração Mineral

Gestão da qualidade

A gestão da qualidade inclui os principais elementos de controlo da qualidade (CQ) e garantia da qualidade (GQ). Utilizando os princípios básicos da gestão da qualidade, os produtos e os resultados do projeto podem ser concebidos e implementados de forma a cumprir as normas e a satisfazer os clientes. Nos projectos de exploração mineral, os nossos produtos são dados. Por conseguinte, para controlar e garantir a sua qualidade, é necessário prestar atenção aos factores que afectam a qualidade dos dados. Os principais factores que influenciam a informação de saída (ou o produto dos projectos de exploração mineral) são os três factores de exatidão, precisão e contaminação. Estes factores devem ser avaliados qualitativamente em todas as diferentes fases da exploração, incluindo a amostragem e as operações de campo, a preparação das amostras e dos dados em bruto, os testes e métodos de análise, o desempenho do laboratório e da equipa de análise de dados e a comunicação dos resultados.

Qualidade dos dados na exploração mineral

O resultado (ou produto) das actividades de exploração mineral são dados, pelo que não devem ser considerados como produção de bens e materiais. Estes dados são o resultado final da fase de exploração mineral e a entrada inicial da fase de extração mineral para efeitos de projectos mineiros. Por conseguinte, os dados de exploração devem ser aprovados pelos engenheiros mineiros para que estes possam realizar projectos mineiros com elevada precisão com base nesta informação. Para controlar a qualidade dos dados de saída da exploração mineral em , devem ser utilizados métodos baseados na monitorização e inspeção da exatidão e precisão, bem como das causas dos erros nos dados de saída.

Princípios de qualidade em projectos de exploração mineral

- **Precisão**: A precisão significa a proximidade dos valores medidos entre si, quer esses valores representem ou não a realidade. A precisão tem duas caraterísticas:

  - Repetibilidade (precisão em condições de repetição): Em termos de reprodutibilidade, o método de medição, os operadores, o sistema de medição, as condições de funcionamento e o local devem ser os mesmos que anteriormente.

  - Reprodutibilidade (Precisão em condições de reprodução): Nas condições de reprodução, o método de medição, os operadores, os sistemas de medição, as condições de funcionamento e a localização devem ser diferentes do estado anterior.

- **Exatidão**: A exatidão significa a proximidade entre os valores medidos e os valores reais. O valor real significa o valor padrão ou de referência em que confiamos e que é aceitável, que é a origem destas normas e referências aceites de laboratórios e institutos de referência padrão. A exatidão deve ser considerada como um atributo qualitativo e não quantitativo. A exatidão pode ser verificada através de amostras de controlo que são enviadas a diferentes laboratórios, caso em que existe a possibilidade de erro sistemático entre vários laboratórios.

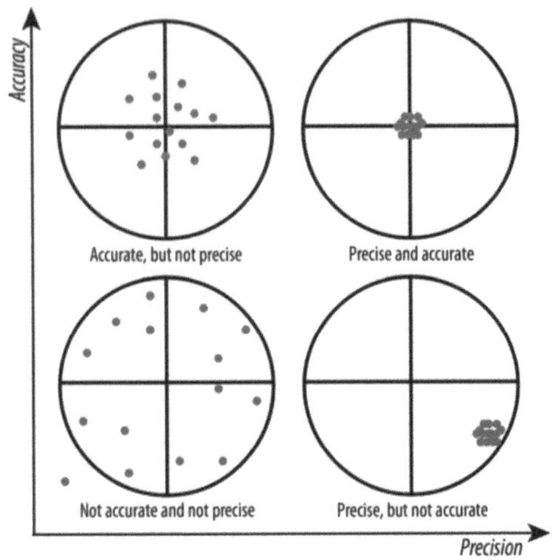

Figura 8: O conceito de exatidão e precisão dos dados

- **Contaminação**: A contaminação inclui a transferência indireta ou direta de materiais de uma amostra ou ambiente para outra amostra. Pode ser efectuada durante a preparação ou o ensaio das amostras ou simplesmente através da manipulação das mesmas. A contaminação é controlada através da avaliação de amostras em branco. As amostras em branco são recolhidas e analisadas para garantir que as amostras ambientais não foram contaminadas durante o processo de recolha de dados. Nestas amostras, a presença de elementos foi confirmada. A contaminação é determinada quando a amostra em branco contém mais do que várias vezes o limite de deteção dos elementos desejados. Para que as amostras em branco sejam eficazes, estas amostras são colhidas após as amostras de minerais e a textura destas amostras deve ser semelhante à das amostras exploratórias.

Programa de controlo de qualidade abrangente na exploração de minerais

Um programa abrangente de controlo de qualidade na exploração mineral deve incluir factores essenciais e importantes na amostragem, preparação e ensaio para controlar ou minimizar possíveis erros de medição. Alguns possíveis erros de medição nos processos de exploração são:

- Operação de amostragem (precisão da amostragem)

- Preparação e divisão das amostras (precisão da amostragem, contaminação durante a preparação)

- Exatidão e precisão das análises e atenção à contaminação durante os processos laboratoriais

A monitorização dos aspectos mencionados é feita através de diferentes amostras aleatórias, tendo cada uma destas amostras de controlo uma finalidade específica no protocolo de controlo de qualidade. As amostras de controlo dos diferentes laboratórios devem ser anónimas. As amostras de controlo são materiais de referência com uma composição matricial próxima da das amostras analisadas e cujas fracções mássicas elementares são próximas das esperadas nas amostras desconhecidas. Devem também ser estáveis ao longo do tempo e estar disponíveis em quantidade suficiente para serem utilizadas durante anos. Assim, o programa abrangente de controlo de qualidade em projectos de exploração mineral inclui os seguintes passos:

- Controlo da qualidade das operações de amostragem
- Controlo da qualidade da preparação das amostras
- Controlo da qualidade da análise das amostras
- Amostras de controlo

Um programa de controlo de qualidade abrangente deve também examinar a exatidão dos relatórios e da análise dos dados. O melhor método para controlar a exatidão dos relatórios consiste em submeter dois conjuntos de dados à base de dados através de duas equipas independentes e, finalmente, comparar os resultados e os relatórios dos dois conjuntos. Uma solução alternativa mais simples para controlar os relatórios consiste em verificar regularmente uma certa percentagem dos dados recebidos com o mesmo método (pelo menos 5%).

Controlo da qualidade das operações de amostragem

A qualidade da amostragem é verificada através da monitorização das amostras de controlo que ainda não foram preparadas e que foram colhidas no terreno durante a operação de amostragem. Essas amostras são normalmente amostras emparelhadas (gémeas) ou amostras repetidas em operações de amostragem no terreno.

- Amostras emparelhadas (gémeos):

  Na amostragem de núcleos de perfuração, a amostra dupla, no caso mais ideal, é a mesma metade do núcleo, que é normalmente arquivada como amostra de reserva no armazém de núcleos. No entanto, as empresas e organizações normalmente não querem tomar a metade de reserva como amostra de controlo porque é importante para elas registar informação geológica. Neste caso, um quarto do núcleo é recolhido como amostra de controlo. Desta forma, o núcleo de perfuração é dividido em duas metades no início e cada uma destas partes é novamente dividida em duas metades, depois os quadrantes opostos (direção oposta) são recolhidos como amostras gémeas. Na amostragem de canais, para recolher uma amostra dupla, deve ser criado um canal adjacente ao canal principal e a reamostragem deve ser efectuada da mesma forma. Do mesmo modo, no caso da amostragem de sedimentos e solos de cursos de água, devem ser colhidas amostras de controlo a uma distância próxima do local de amostragem, em condições semelhantes. As amostras gémeas são normalmente utilizadas para avaliar a precisão da amostragem e, indiretamente, a homogeneidade da mineralização. Para garantir condições de repetibilidade, ambas as amostras devem ser colhidas por um operador e recolhidas numa embalagem com codificação diferente e entregues ao laboratório (laboratório primário) para serem examinadas com os mesmos métodos de preparação e análise.

Nesta fase, deve ser evitada a declaração de amostras duplicadas ao laboratório.

Controlo da qualidade da preparação das amostras

A precisão da amostragem, bem como a contaminação das amostras durante o processo de preparação, são monitorizadas e avaliadas através de amostras de controlo de grãos grosseiros. Estas amostras de controlo são colocadas no grupo de amostras antes ou durante a preparação.

Controlo da qualidade da análise das amostras

A qualidade dos testes (exatidão e precisão das análises, bem como a contaminação durante as mesmas) é verificada através da recolha de amostras de controlo de grão fino (após a fase de preparação da amostra e antes da fase de análise). Essas amostras são geralmente amostras preparadas ou materiais de referência padrão (SRM).

Amostras de controlo

As amostras de controlo são, na verdade, as mesmas amostras divididas na última fase de preparação das amostras, algumas das quais foram enviadas uma vez para o laboratório primário e os resultados e métodos foram implementados nas mesmas. Desta vez, outra série de amostras, que são o resultado da divisão das amostras preparadas, será enviada a outro laboratório num pacote com novos números de amostra para verificar a exatidão e a precisão do laboratório primário.

Classificação qualitativa dos projectos de exploração mineral

Com base nos conteúdos mencionados, a qualidade dos projectos de exploração mineral pode ser dividida em quatro categorias:

- **Categoria de prémio (A):** Quando a precisão, a exatidão e a contaminação tiverem sido verificadas no momento certo e tiver sido recolhida uma série de amostras de controlo adequadas em todas as fases e, se necessário, tiverem sido tomadas medidas corretivas após os controlos de qualidade.
- **Classificação aceitável (B):** Quando a precisão, a exatidão e a contaminação foram avaliadas no momento certo, mas de forma incompleta. Neste caso, os métodos de controlo e as amostras estão completos e corretos, tendo sido aplicadas as acções corretivas necessárias e atempadas.
- **Classificação inaceitável (C)**: Quando a precisão, a exatidão e a contaminação tiverem sido avaliadas utilizando amostras de controlo e métodos de controlo inadequados e não tiverem sido aplicadas as medidas corretivas necessárias.
- **Classificação rejeitada (D):** Não existe um programa de controlo da qualidade para monitorizar o processo.

Conselhos práticos para a garantia de qualidade em operações de exploração no terreno

Nesta secção, são apresentados alguns conselhos práticos relacionados com o processo de garantia da qualidade em operações de campo exploratórias que podem causar erros na exatidão e precisão dos dados, bem como a contaminação das amostras. Estes pontos são:

- As ferramentas (incluindo martelos, luvas, sacos de recolha de amostras, etc.) devem ser inspeccionadas e cuidadosamente limpas.

- As tintas, vernizes e outros tipos de revestimentos de superfície devem ser removidos.

- Quando se utilizam ferramentas metálicas, há que ter cuidado com as aparas metálicas que delas resultam (Figura 2).

- Evitar usar jóias como anéis e pulseiras que contenham jóias.

- A atividade das minas próximas da área de estudo deve ser investigada, porque algumas contaminações ambientais são o resultado deste fator.

Figura 9: A imagem de duas ferramentas metálicas semelhantes, a ferramenta superior é nova e a inferior foi utilizada em três sondagens exploratórias.

Nota:

....

....

....

....

....

....

....

....

....

....

IV

Amostragem exploratória e análise mineral

Amostragem geoquímica

Os levantamentos geoquímicos destinam-se a recolher amostras de diversos tipos de meios, incluindo rocha, solo, till, sedimentos de cursos de água e sedimentos de lagos, em várias extensões, desde a escala continental à escala do depósito. As amostras são então analisadas quimicamente para um ou vários elementos, utilizando os métodos que se adequam ao objetivo dos levantamentos geoquímicos. O objetivo de um estudo geoquímico, a geologia do leito rochoso e os contextos geomorfológicos do estudo estão entre os componentes que exercem controlo sobre a escala, o método de análise química e os meios de amostragem. Estes levantamentos revelam informações benéficas sobre o enriquecimento e o empobrecimento de elementos que podem estar associados a depósitos minerais. Os levantamentos geoquímicos também podem revelar informações sobre a geologia do leito rochoso da área que está a ser estudada, tornando-os ferramentas inestimáveis para o estudo de regiões cobertas. Geralmente, o objetivo dos levantamentos geoquímicos é identificar algumas anomalias que estejam ligadas a depósitos minerais. No entanto, existem vários desafios associados ao cumprimento do objetivo anterior. Em primeiro lugar, a colocação e a preservação de depósitos minerais geram diferentes assinaturas geoquímicas multi e unielementares. É, por conseguinte, da maior importância reconhecer as assinaturas geoquímicas que descrevem os depósitos minerais e os processos de formação de minérios. O padrão de dispersão de uni e multielementos é uma função do meio de amostragem, da fração de tamanho das amostras a analisar, do método de análise química e dos processos secundários envolvidos na migração de complexos químicos.

Vale a pena notar que um determinado depósito mineral pode mostrar diferentes assinaturas geoquímicas em diferentes meios de amostragem. Assim, a seleção do meio de amostragem correto é um aspeto crucial dos levantamentos geoquímicos. Para além dos aspectos anteriores, a definição de anomalias geoquímicas é outro desafio que requer a consideração de múltiplos factores.

Ambientes de amostragem geoquímica

Existem dois ambientes geoquímicos gerais que são considerados e estudados na geoquímica de exploração - primário e secundário. Os ambientes primários são aqueles derivados de amostras de rocha. O termo "primário" aqui utilizado refere-se à premissa de que as amostras de rocha fresca não descrevem a meteorização, o transporte mecânico e a erosão. Por conseguinte, estas amostras são adequadas para avaliar zonas mineralizadas ou as suas unidades rochosas adjacentes. Em pesquisas de perfuração de diamante, por exemplo, as amostras de rocha são analisadas para delinear zonas mineralizadas. A geoquímica das amostras de rocha é normalmente designada por litogeoquímica. É importante notar que a litogeoquímica é aplicável em terrenos com unidades de rocha aflorantes, o que significa que os levantamentos litogeoquímicos não são normalmente aplicáveis em zonas glaciares ou zonas cobertas por regolito.

Para além dos ambientes primários, os halos geoquímicos secundários, derivados da análise de amostras de till, solo, sedimentos lacustres e sedimentos de cursos de água, representam uma migração secundária de elementos nos seus meios de amostragem. O padrão de dispersão dos elementos no ambiente secundário é controlado pelo grau de dispersão mecânica, mobilidade dos elementos, clima, topografia, geologia do leito rochoso e até factores antropológicos. Tendo em conta a premissa anterior, é da maior importância reconhecer padrões de dispersão geoquímica que possam estar enraizados na presença de zonas mineralizadas subjacentes. As próximas subsecções centram-se nos procedimentos de amostragem utilizados para os meios de amostragem mais comuns na geoquímica de exploração.

Amostras de água

A recolha de amostras de água é relativamente fácil, uma vez que a água é homogénea, e normalmente não são necessários grandes volumes de amostras. Um frasco de plástico é normalmente enchido com cerca de 100 cm3 de água recolhida mesmo a uma certa profundidade ou à superfície do comedouro. Alguns aditivos, incluindo HNO3, são normalmente introduzidos na amostra recolhida. Estes aditivos são utilizados como um impedimento à separação da fase sólida da água. A maioria das campanhas de amostragem mede também o pH das amostras de água. As amostras de lagos e ribeiros são adequadas para estudos geoquímicos à escala regional ou distrital. A hidrogeoquímica, o estudo de amostras geoquímicas de água, tem sido frequentemente utilizada para a exploração mineral.

Amostras geoquímicas de lascas de rocha

A amostragem de lascas é um tipo de amostragem geoquímica que é efectuada em ambientes rochosos (normalmente, mineralizados ou potenciais). O objetivo da recolha deste tipo de amostra é determinar o grau aproximado ou a espessura da zona de mineralização em rochas expostas. A amostra de lascas não é representativa de todos os afloramentos rochosos da região, mas esta amostra confirma a presença ou ausência dos elementos desejados no afloramento. Por exemplo, na procura do teor de ouro metálico, os veios de quartzo são importantes, uma vez que o ouro é frequentemente acompanhado por metais de base, um grande volume da amostra é constituído por teor de sulfuretos. Por outras palavras, o objetivo da amostragem de aparas é aumentar a probabilidade de identificar os elementos desejados (alvo). O especialista em amostragem recolhe as amostras de aparas com base nos métodos explicados abaixo, com o objetivo de obter uma amostragem geoquímica de aparas de rocha mais precisa. Uma amostra de lasca geoquímica de rocha consiste em pequenos pedaços de rocha que são separados do afloramento por um martelo geológico e o peso aproximado desta amostra é de 3 kg, o que inclui cerca de 20 a 30 pequenas lascas de rocha. É preferível utilizar um saco de pano para recolher a amostra de lascas, uma vez que a extremidade afiada dos fragmentos de rocha pode rasgar o saco de plástico. Após a recolha da amostra, a informação sobre a amostra, incluindo o código de identificação, bem como as coordenadas GPS ou a descrição da amostra, é inserida no saco. É preferível que o centro do local de amostragem seja marcado no solo para ser utilizado em investigações posteriores.

Amostragem de canal de chip

A amostragem de canal de lascas é um tipo de amostragem geoquímica de lascas de rocha que é tomada como um canal a partir da largura da zona mineralizada. O objetivo desta amostragem é determinar a concentração dos elementos-alvo na zona de mineralização, bem como nas rochas imediatamente adjacentes a ela. Embora a amostragem em canal de aparas seja mais exacta e representativa do que a simples amostragem de aparas com um martelo geológico, que foi explicada anteriormente, os resultados obtidos são aproximados e não devem ser utilizados como dados de entrada para a estimativa de reservas minerais. Os instrumentos necessários para a amostragem em canal de aparas incluem um martelo geológico e uma cunha e, se possível, pode ser utilizado um martelo elétrico. Este tipo de amostra é recolhido sob a forma de pequenas peças separadas do afloramento ao longo de uma linha reta e sob a forma de um canal ao longo da zona alvo. O comprimento da amostragem (comprimento do canal) não deve exceder 2 metros e, se for necessária uma amostragem mais longa, esta deve ser recolhida como amostras separadas adjacentes umas às outras. O peso da amostra deve ser de cerca de 5 kg, para que, ao combinar as peças, a amostra possa ser representativa da zona de mineralização. É melhor, se possível, fazer coincidir os limites das amostras individuais com os limites da litologia. Uma dica de segurança ao trabalhar com um martelo geológico é usar óculos de proteção. Antes de começar a partir as lascas de rocha, estende-se uma lona no fundo da área de amostragem para que as subamostras separadas caiam sobre ela. É de notar que todas as lascas partidas do canal de amostragem devem ter o mesmo tamanho. Por conseguinte, são sempre quebradas mais lascas de rocha para que a quantidade necessária de grãos do mesmo tamanho possa ser vertida no saco de amostragem. Normalmente, para a amostragem por canal de lascas, são escavados vários canais paralelos entre si, dependendo do tipo de mineralização, da extensão da mineralização e do tempo disponível, quanto mais, melhor. Finalmente, como já foi referido, as amostras são embaladas e codificadas (Figura 10)

Figura 10. Amostragem em chip-channel da largura da zona de mineralização de ouro.

Com base no que foi dito sobre a amostragem de canais, se for utilizada uma ferramenta mais precisa, como uma serra de rocha, para a amostragem (Figura 11), pode dizer-se que serão obtidos resultados mais precisos e fiáveis. A precisão dos resultados da amostragem de canais em rocha serrada é igual à das amostras de perfuração com núcleo de diamante. Por conseguinte, trata-se de um dado fiável para utilização na estimativa de reservas de minério. Estas amostras são normalmente recolhidas em minas ou em trincheiras exploratórias recentemente escavadas. Estas amostras são normalmente recolhidas em minas ou em trincheiras exploratórias recentemente escavadas.

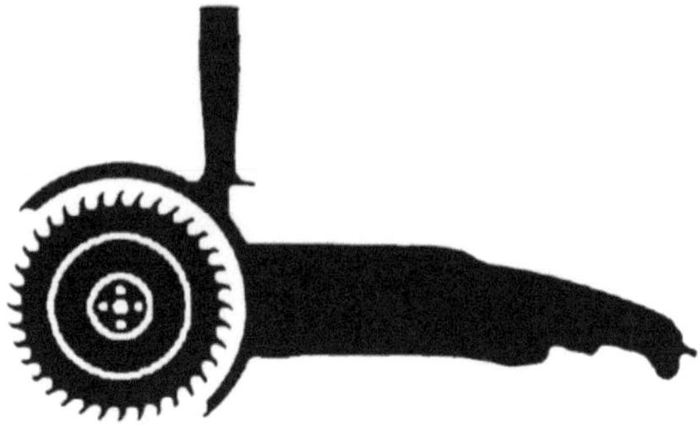

Figura 11. Serra de pedra eléctrica com lâmina impregnada de diamante

[1] Muitas vezes é necessário desviarmo-nos de uma linha reta para retirar lascas adequadas para a amostra. Por vezes, a mesma amostra pode ser continuada ao longo de uma linha paralela adjacente, posicionada a alguns centímetros ou a um metro de distância ao longo do strike.

[2] Na prática, trata-se de um ideal impossível, mas há que envidar todos os esforços para se aproximar desse ideal.

[3] As zonas moles podem ser falhas ou alterações argilosas hipogénicas ou supergénicas: as rochas duras podem ser veios de quartzo ou zonas siliciosas - as litologias que provavelmente contêm maiores ou menores quantidades do metal procurado. Não se pretende sobre ou subamostrar tais elementos anómalos.

[4] Uma serra de pedra (os catálogos de ferramentas chamam-lhe geralmente serra de betão) é uma ferramenta manual com uma lâmina rotativa com ponta de diamante que pode fazer um corte em rocha dura até 10 cm de profundidade. Alguns modelos são alimentados por eletricidade, outros por um pequeno motor a

gasolina a dois tempos (o primeiro é mais leve, mais silencioso e mais fácil de manusear).

Amostras geoquímicas do solo

Os levantamentos geoquímicos do solo também estão entre os levantamentos comuns na exploração mineral. Existem três horizontes de solo disponíveis: De cima para baixo, há o horizonte pós-orgânico A, o horizonte de transição B e também o horizonte inferior C, que contém a maioria das partículas de rocha fragmentadas. Os horizontes B e C são os mais apelativos para os geoquímicos de exploração, dado o seu enriquecimento em fragmentos de rocha. O perfil do solo deve ser inteiramente exposto para determinar os diferentes horizontes. Os factores que controlam a profundidade e a presença de diferentes horizontes do solo incluem o clima, a topografia e a idade do solo. Escusado será dizer que a profundidade dos horizontes do solo e a sua presença variam em diferentes áreas. As zonas áridas e semiáridas, por exemplo, podem não ter o horizonte A. Tendo em conta a natureza heterogénea do solo e o facto de existirem tamanhos de grão variáveis num perfil de solo, as amostras de solo podem ser bastante pesadas. Depois de selecionar o horizonte adequado para a amostragem, é recolhida uma amostra de cerca de 2_5 kg, que é colocada num saco de plástico. Deve ter-se o cuidado de manter as condições iniciais das amostras, uma vez que quaisquer alterações podem afetar significativamente os resultados da análise geoquímica. Os estudos do solo são efectuados a várias escalas, desde estudos à escala regional a estudos à escala local.

Amostras geoquímicas de soleira

A lama, um sedimento ciclópico depositado diretamente pelo gelo glaciar, é considerada um meio de amostragem eficaz para a exploração mineral em terrenos glaciares, uma vez que pode refletir a composição inicial da rocha subjacente. A lama é uma combinação de rocha esmagada misturada com sedimentos mais antigos e está sujeita a um mecanismo de transporte mecânico. Este transporte ocorre numa orientação relacionada com o movimento do gelo glaciar e pode variar de alguns metros a vários quilómetros. Por conseguinte, a interpretação dos dados geoquímicos de till requer o conhecimento da geologia quaternária da área e do movimento dos glaciares. Por isso, a amostragem de til é essencialmente útil quando aplicada em combinação com o traçado de rochas e o mapeamento de estrias. As anomalias geoquímicas derivadas de amostras de till representam normalmente uma fina pluma que se estende na direção do movimento dos glaciares a partir da zona de minério subjacente em direção à superfície dos glaciares; isto é, os componentes que contêm minério são mais frequentes perto da sua fonte e a sua população diminui normalmente à medida que se afastam da sua fonte. O padrão de dispersão dos elementos nas amostras de till é normalmente uma função do grau de transporte mecânico, da mobilidade dos elementos e do grau dos processos de meteorização e contaminação.

De um modo geral, devido aos efeitos do enriquecimento biogeoquímico na camada orgânica superficial, à mobilização pós-deposicional de elementos, às diferenças na mobilidade dos elementos e aos seus padrões de dispersão mecânica, a interpretação das anomalias geoquímicas do til é um processo complexo. Antes da amostragem, é necessário determinar a espessura, a distribuição, os tipos de depósitos glaciares e a história glaciária dos locais de amostragem. Os levantamentos de till são também efectuados a várias escalas, desde estudos à escala regional até à escala local.

Amostras geoquímicas de sedimentos de cursos de água

Os sedimentos de cursos de água contêm partículas derivadas das rochas intemperizadas a montante e são dispersas pela água. A geoquímica dos sedimentos de cursos de água é uma ferramenta popular para a exploração mineral, especialmente para levantamentos de reconhecimento, uma vez que os sedimentos de cursos de água representam uma área relativamente grande da sua bacia hidrográfica a montante. Vários parâmetros, incluindo o clima, a diversidade litológica, a química da água, a topografia e os factores antropológicos, contribuem para a composição química dos sedimentos dos cursos de água. O padrão de dispersão dos elementos nos sedimentos das ribeiras é também uma função da mobilidade dos elementos nos ambientes superficiais. A conceção do esquema de amostragem e a escolha da densidade de amostragem correta são materiais que dependem da amplitude e profundidade do estudo, da escala, do orçamento e do acesso aos locais de amostragem. A seleção da fração certa de amostras é importante para a análise química. De um modo geral, muitos elementos tendem a acumular-se em fracções mais finas de sedimentos de cursos de água. Estes incluem, mas não se limitam a, Mn, Cu, Zn e Fe. Dado este facto, a recolha de porções de sedimentos de 176-µm é uma prática comum em levantamentos de sedimentos de cursos de água.

Análise mineral

A análise mineral é uma das etapas mais importantes do processo de exploração geoquímica. Cada um dos minerais distingue-se de outros materiais com base nos seus espectros electromagnéticos únicos, bem como nas suas caraterísticas físico-químicas específicas. De acordo com estes princípios, existem vários métodos para a análise de minerais, que são mencionados abaixo como técnicas aplicadas no domínio da exploração geoquímica.

Métodos químicos húmidos

Os métodos químicos por via húmida baseiam-se na reação dos minerais com produtos químicos específicos. A titulação é o método químico húmido mais comum utilizado na análise mineral, sendo um método controlado e relativamente preciso. Os métodos de titulação para detetar elementos em amostras geoquímicas utilizam dois métodos de formação de complexos com etilenodiaminotetracético (EDTA) e reacções redox. A fim de preparar minerais ou amostras que os contenham para a maioria dos métodos de análise, incluindo a titulação, a amostra deve primeiro ser moída e transformada em pó. O método EDTA é amplamente utilizado na deteção dos elementos cálcio e sódio, mas também é utilizado para muitos minerais metálicos. Quando todos os iões metálicos formam um complexo com o EDTA, o indicador anuncia o fim da reação através de uma mudança súbita da cor da solução. No método redox, o sistema é montado de forma a que uma metade da reação, quando todos os iões metálicos alvo são reduzidos ou oxidados, anuncie o fim da reação através da alteração da cor da solução para uma cor específica

O método de análise gravimétrica é outro método de análise química por via húmida. Neste método, são adicionados reagentes químicos à solução para identificar o mineral alvo através da formação de complexos insolúveis conhecidos. Em seguida, este precipitado é separado, seco e pesado para determinar a quantidade de mineral utilizando a fórmula química do precipitado.

Métodos de espetroscopia

Existem muitas técnicas espectroscópicas diferentes para analisar amostras geoquímicas. Por exemplo, no método de Espectroscopia de Absorção Atómica (EAA), a solução que contém os minerais alvo é atomizada através de calor e exposta a radiação electromagnética. Em seguida, para identificar os comprimentos de onda absorvidos pelos minerais, é utilizada uma chama ligada ao detetor para obter o resultado através da captação dos comprimentos de onda não absorvidos. Por fim, com base nos resultados, é possível identificar a concentração e o tipo de minerais.

Entre os métodos baseados no plasma indutivamente acoplado (ICP) e na espetrometria de massa (MS), podem ser mencionadas as técnicas ICP-MS e Laser Ablation ICP-MS (LA-ICP-MS), que são utilizadas para medir a composição elementar dos minerais. A MS-ICPforma o plasma atomizando o mineral e, em seguida, a MS separa os elementos de acordo com a sua relação massa/carga, a fim de identificar cada elemento no mineral. A caraterística distintiva da técnica LA-ICP-MS é que, antes da formação do plasma, abla os minerais utilizando um laser. A espetrometria de massa de iões secundários (SIMS), a espetrometria de massa de ionização térmica (TIMS) e as técnicas de espetrometria de massa com múltiplos colectores são outros tipos de EM utilizados.

A espetroscopia de emissão atómica (EAA) é conhecida como outro método de espetrometria. A AES mede a emissão de comprimentos de onda após a excitação dos electrões da amostra geoquímica. Devido ao facto de os comprimentos de onda emitidos serem conhecidos para cada elemento, é possível determinar a concentração dos elementos. É evidente que a intensidade de cada comprimento de onda emitido por cada elemento reduz a sua concentração. A AES pode ser utilizada em combinação com o ICP como ICP-AES. Deste modo, o ICP forma o plasma e a AES regista o comprimento de onda emitido por cada elemento.

Métodos A espetroscopia Mössbauer e a espetroscopia Ramen são dois métodos práticos na análise de minerais. A análise das propriedades e fases dos minerais, bem como dos processos de cristalização das rochas, é efectuada pelo método de espetroscopia Mössbauer. Para além de identificar minerais e fases minerais, a espetroscopia Raman é capaz de distinguir polimorfos entre si, um processo que não é possível com outros métodos.

Os métodos colorimétricos são outras técnicas utilizadas na análise de minerais. Nestes métodos, a absorvância de uma solução pré-preparada (contendo um reagente específico para reação com o mineral) é medida num determinado comprimento de onda por meio de um espetrofotómetro.

Separação química

Nesta parte, são apresentados os processos de separação química que são realizados antes dos métodos de absorção atómica. A fase de separação química inclui métodos que devem ser aplicados à amostra global antes do processo de análise química, a fim de separar o elemento-alvo ou o grupo de elementos-alvo com a maior exatidão possível. Entre os métodos de separação química, podem ser mencionados o Ensaio de Fogo, o Vapor de Mercúrio a Frio e a Geração de Hidretos, a Cromatografia de Troca Iónica e a Extração por Solventes. Cada um dos métodos de separação química tem a sua própria aplicação única, para obter o melhor resultado e desempenho. Os processos de separação, independentemente do método utilizado, são semelhantes na medida em que deslocam a(s) substância(s) a analisar, mas não a amostra global, através do limite de um sistema de duas fases. A Tabela 1 apresenta os elementos que são separados de forma mais adequada por cada um dos métodos de separação química.

Tabela 1. Métodos de separação química e os elementos que são separados por eles.

Ensaio de fogo	Geração de hidretos	Extração por solventes	Troca de iões
Pt Pd Rh Au Ag Ir Ru	Hg[1] Como Se Te Bi Sb	Ag Como Au Ser Bi Cd Co Cu Fe Mo Nb Ni Pb Sb Se Sn Ti W Zn	F Br Cl SO_4 Cd Mo Nb Sn W Zn NÃO$_3$ PO_4 NH_4

[1] Geração de vapor frio.

Métodos microanalíticos

Existem outros métodos de análise de minerais que são menos utilizados. O método de análise por ativação neutrónica (NAA), por exemplo, tem a capacidade de medir a concentração de um elemento a partir de uma amostra geoquímica, mas para realizar esta medição, é necessário estar perto de um reator nuclear.

A microanálise por sonda eletrónica (EPMA) é um método baseado em raios X emitidos pela excitação de electrões de cada elemento mineral. A EPMA identifica a composição elementar do mineral com a ajuda do comprimento de onda e também utilizando a intensidade da onda, a concentração de cada elemento no mineral é medida.

A Microscopia Eletrónica de Varrimento (SEM), a Fluorescência de Raios X (XRF), a Difração de Raios X (XRD), a Espectroscopia Ultravioleta-Visível (UV-vis), a Espectroscopia de Infravermelhos (IR), a Microscopia Eletrónica de Transmissão (TEM), a Fluorescência de Raios X de Sincrotrão (SXRF), a Espectroscopia de Emissão de Raios X Induzida por Fotões (PIXE) e a Espectroscopia de Emissão Gama Induzida (PIGE) são métodos utilizados em casos especiais para analisar minerais. As especificações de cada um dos métodos mencionados são apresentadas resumidamente na Tabela 1.

Tabela 2. Análise e métodos.

Técnica	*Acrónimo*	*Sonda*	*Produto*	*Melhor gama de concentração prática*	*Volume analítico*	
					Diâmetro	*Profundidade*
Análise por microssonda eletrónica	EMPA	Electrões	Radiografias	5 ppm-100%	0,5-4 µm	0,3-8 µm
Microscopia eletrónica de varrimento	SEM	Electrões	Radiografias	200 ppm-100%	0,5 µm	0,3-8 µm
Microscopia eletrónica de transmissão (microscopia eletrónica analítica)	TEM (AEM)	Electrões	Radiografias	100 ppm-100%	5-20 nm	50-100 nm
Emissão de raios X induzida por protões	PIXE	Protões	Radiografias	2 ppm-5%	1-5 µm	40-80 µm
Fluorescência de micro raios X	XRF	Radiografias	Radiografias	10 ppm-1%	10 µm-1 mm	100 µm-2 mm
Fluorescência de raios X de sincrotrão	SXRF	Radiografias	Radiografias	500 ppb-2%	2 µm-1 mm	100 µm-2 mm
Espectrometria de massa com plasma indutivamente	LA-ICP-MS	Laser	Iões	1 ppb-0,5%	10-200 µm	10-100 µm

Técnica	*Acrónimo*	*Sonda*	*Produto*	*Melhor gama de concentração prática*	*Volume analítico*	
					Diâmetro	*Profundidade*
acoplado por ablação laser						
Espectrometria de massa de iões secundários (análise sensível por microssonda de iões de alta resolução)	SIMS (SHRIM)	Iões	Iões	0,1 ppb-1%	5-50 µm	100 nm-2 µm

Nota:

....

....

....

....

....

....

....

....

....

....

Referências

O resultado deste projeto de pós-doutoramento são os seguintes artigos e livros:

(1) Modelação Geoquímica da Mineralização de Cobre Utilizando Algoritmos Geoestatísticos e de Aprendizagem Automática na Área de Sahlabad, Irão **(Artigo)**

(2) Mapeamento de prospeção mineral da mineralização oculta de pórfiro Cu-Au nos lençóis Basiran e Kodegan **(Artigo)**

(3) Separação de anomalias magnéticas utilizando o método fractal na região de Esfordi para a exploração de ferro, no centro-leste do Irão **(Artigo)**

(4) Relações geoquímicas entre elementos em amostras de sedimentos de cursos de água da área de prospeção de Siojan, Irão, utilizando métodos geoestatísticos **(Artigo)**

(5) Fusão de dados multidimensionais para o mapeamento da prospectividade mineral (MPM) utilizando o método de tomada de decisão Fuzzy-AHP, região de Kodegan-Basiran, Irão Oriental **(artigo)**

(6) Sensoriamento remoto, dados petrológicos e geoquímicos para mapeamento litológico em Wadi Kid, sudeste do Sinai, Egito **(Artigo)**

(7) Génese do minério de ferro-ilmenite de Abu Ghalaga associado a gabros de tipo maciço neoproterozóico, deserto do sudeste do Egito: Evidências da Textura e da Química Mineral **(Artigo)**

(8) Processamento e interpretação de dados geoquímicos para exploração mineral **(Capítulo do livro "Geospatial Analysis Applied to Mineral Exploration")**

(9) Métodos para estudar o comportamento de elementos **(Livro)**

(10) Estimativa da taxa de penetração da máquina de perfuração de túneis (TBM) usando inteligência artificial (IA) por rede neural de regressão geral (GRNN) **(Artigo)**

Resultados da investigação:

* Atualizado até 2023

Referências utilizadas no texto :

1. Plouffe, A.; McClenaghan, M.; Paulen, R.; McMartin, I.; Campbell, J.; Spirito, W. Processamento de sedimentos glaciares para a recuperação de minerais indicadores: protocolos utilizados no Serviço Geológico do Canadá. Geochemistry: Exploração, Ambiente, Análise 2013, 13, 303-316.

2. Mahdevari, S.; Shahriar, K.; Yagiz, S.; Shirazi, M.A. Um modelo de regressão vetorial de apoio para prever as taxas de penetração da máquina de perfuração de túneis. Revista Internacional de Mecânica das Rochas e Ciências Minerais 2014, 72, 214-229.

3. Shirazi, A.; Shirazy, A.; Karami, J. Sensoriamento remoto para identificar alterações de cobre e regiões promissoras, Sarbishe, Khorasan do Sul, Irã. Revista Internacional de Geologia e Ciências da Terra 2018, 4, 36-52.

4. Shirazi, A.; Hezarkhani, A.; Shirazy, A. Estudos de Sensoriamento Remoto para Mapeamento de Regiões de Óxido de Ferro, Sul de Kerman, IRÃ. Revista Internacional de Aplicações de Ciência e Engenharia (IJSEA) 2018, 7, 45-51.

5. Shirazy, A.; Shirazi, A.; Hezarkhani, A. Prevendo o grau de ouro no mapa geoquímico Tarq 1: 100000 usando o comportamento de ouro, arsênico e antimônio pelo método K-means. Jornal de Engenharia de Recursos Minerais 2018, 2, 11-23.

6. Nazerian, H.; Shirazy, A.; Shirazi, A.; Hezarkhani, A. Prever a quantidade de Cu usando os quatro elementos Ca, Al, P, S pelo método de regressão linear múltipla. Jornal Internacional de Pesquisa em Ciência Aplicada e Tecnologia de Engenharia (IJRASET) 2021, 9, 1088-1092.

7. Khayer, K.; Shirazy, A.; Shirazi, A.; Ansari, A.; Hezarkhani, A. Estimativa da permeabilidade a partir de ondas de Stoneley em reservatórios de carbonato. Boletim Geológico da Turquia 2022, 65, 42.

8. Khayer, K.; Shirazy, A.; Shirazi, A.; Ansari, A.; Hezarkhani, A. Permeability Estimation from Stoneley Waves in Carbonate Reservoirs. Türkiye Jeoloji Bülteni 2022, 65, 1-8.

9. Shirazi, A.; Hezarkhani, A.; Beiranvand Pour, A.; Shirazy, A.; Hashim, M. Técnica Neuro-Fuzzy-AHP (NFAHP) para a exploração de cobre utilizando o Radiómetro de Emissão e Reflexão Térmica Espacial Avançado (ASTER) e conjuntos de dados geológicos na área mineira de Sahlabad, Irão Oriental. Sensoriamento Remoto 2022.

10. Shirazi, A.; Hezarkhani, A.; Beiranvand Pour, A.; Shirazy, A.; Hashim, M. Técnica Neuro-Fuzzy-AHP (NFAHP) para a exploração de cobre utilizando o Radiómetro Avançado de Emissão e Reflexão Térmica Espacial (ASTER) e conjuntos de dados geológicos na área mineira de Sahlabad, Irão Oriental. Sensoriamento Remoto 2022, 14, 5562.

11. Shabani, A.; Ziaii, M.; shirazy, A.; shirazi, A. Multi-Dimensional Data Fusion for Mineral Prospectivity Mapping (MPM) Using Fuzzy-AHP Decision-Making Method, Kodegan-Basiran Region, East Iran. Minerals 2022, 12.

12. Doodran, R.J.; Khakmardan, S.; Shirazi, A.; Shirazy, A. Minimização de cinzas de gilsonita iraniana por flotação de espuma. Journal of Minerals and Materials Characterization and Engineering 2020, 9, 1-13.

13. Shirazy, A.; Hezarkhani, A.; Shirazi, A.; Khakmardan, S.; Rooki, R. Métodos de agrupamento K-Means e de rede neural de regressão geral para a probabilidade de mineralização de cobre em Chahar-Farsakh, Irão. Türkiye Jeoloji Bülteni 2022, 65, 79-92.

14. Shirazy, A.; Hezarkhani, A.; Timkin, T.; Shirazi, A. Investigação do comportamento magneto-/radiométrico a fim de identificar um modelo de estimador usando agrupamento K-Means e rede neural artificial (ANN) (depósito de minério de ferro, Yazd, IRAN). Minerals 2021, 11, 1304.

15. Shirazy, A.; Shirazi, A.; Nazerian, H.; Hezarkhani, A. Investigation of Geochemical Sections in Exploratory Boreholes of Mesgaran Copper Deposit in Iran. Revista Internacional de Investigação em Ciências Aplicadas e Tecnologia de Engenharia (IJRASET) 2021, 9, 2364-2368.

16. Shirazi, A.; Shirazy, A. Introducing Geotourism Attractions in Toroud Village, Semnan Province, IRAN. International Journal of Science and Engineering Applications 2020, 9, 79-86.

17. Shirazi, A.; Shirazy, A.; Saki, S.; Hezarkhani, A. Apresentando um software para o método inovador de agrupamento neuro-fuzzy chamado NFCMR. Jornal Global de Ciências da Computação: teoria e pesquisa 2018, 8, 62-69.

18. Khosravi, V.; Shirazi, A.; Shirazy, A.; Hezarkhani, A.; Pour, A.B. Hybrid Fuzzy-Analytic Hierarchy Process (AHP) Model for Porphyry Copper Prospecting in Simorgh Area, Eastern Lut Block of Iran. Mining 2022, 2, 1-12.

19. Shirazi, A.; Shirazy, A.; Saki, S.; Hezarkhani, A. Estudos de geoestatística e modelagem geoquímica com base em dados de núcleo, depósito de ferro sheytoor, Irã. Jornal de Recursos Geológicos e Engenharia 2018, 6, 124-133.

20. Alahgholi, S.; Shirazy, A.; Shirazi, A. Estudos geoestatísticos e deteção de elementos anómalos, Área de Bardaskan, Irão. Jornal Aberto de Geologia 2018, 8, 697-710.

21. Shirazy, A.; Ziaii, M.; Hezarkhani, A.; Timkin, T. Estudos geoestatísticos e de deteção remota para identificar regiões de elevado potencial metalogénico na zona de Kivi, no Irão. Minerals 2020, 10, 869.

22. Shirazy, A.; Shirazi, A.; Nazerian, H.; Khayer, K.; Hezarkhani, A. Estudo geofísico: Estimativa da profundidade do depósito utilizando dados gravimétricos e o método de Euler (mina de ferro de Jalalabad, província de Kerman do Irão). Open Journal of Geology 2021, 11, 340-355.

23. Aali, A.A.; Shirazi, A.; Shirazy, A.; Khakmardan, S.; Maghsoudi, A.; Hezarkhani, A. Geophysical Study to Identify Iron Mineralization Anomalies Using Terrestrial Magnetometry in the Chak-Chak Exploration Area, Iran. Türkiye Jeoloji Bülteni 2022, 65, 159-170.

24. Shirazy, A.; Hezarkhani, A.; Shirazi, A.; Timkin, T.; Voroshilov, V.G. Geophysical explorations by resistivity and induced polarization methods for the copper deposit, South

Khorasan, Iran. Boletim da Universidade Politécnica de Tomsk Geo Assets Engineering 2022, 333, 99-110.

25. Adel, S.; Mansour, Z.; Ardeshir, H. Investigação do comportamento geoquímico com base em k-means e rede neural artificial previsão para titânio e zinco, região de Kivi, Irão. Известия Томского политехнического университета. Инжиниринг георесурсов 2021, 332, 113-125.

26. Shirazy, A.; Ziaii, M.; Hezarkhani, A. Geochemical Behavior Investigation Based on K-means and Artificial Neural Network Prediction for Copper, in Kivi region, Ardabil province, IRAN. Jornal Iraniano de Engenharia de Minas 2020, 14, 96-112.

27. Shirazy, A.; Shirazi, A.; Ferdossi, M.H.; Ziaii, M. Estudos geoquímicos e geoestatísticos para estimar o grau de ouro na área de prospeção de tarq pelo método de agrupamento k-means. Jornal Aberto de Geologia 2019, 9, 306-326.

28. Shirazi, A.; Shirazy, A.; Nazerian, H.; Khakmardan, S. Geochemical and Behavioral Modeling of Phosphorus and Sulfur as Deleterious Elements of Iron Ore to Be Used in Geometallurgical Studies, Sheytoor Iron Ore, Iran. Open Journal of Geology 2021, 11, 596-620.

29. Aali, A.A.; Shirazy, A.; Shirazi, A.; Pour, A.B.; Hezarkhani, A.; Maghsoudi, A.; Hashim, M.; Khakmardan, S. Fusão de dados de deteção remota, magnetométricos e geológicos para identificar zonas de potencial mineral polimetálico na região de Chakchak, Yazd, Irão. Sensoriamento Remoto 2022, 14, 6018.

30. Shirazi, A.; Hezarkhani, A.; Pour, A.B. Fusão da Análise de Mapas de Factores de Lineamento (LF) e da Técnica Multifractal para a Exploração de Cobre de Sulfureto Maciço: A Área de Sahlabad, Irão Oriental. Minerals 2022, 12, 549.

31. Hedayat, B.; Ahmadi, M.E.; Nazerian, H.; Shirazi, A.; Shirazy, A. Viabilidade da aplicação simultânea da rede neural difusa e do método integrado TOPSIS no mapeamento potencial da mineralização de chumbo e zinco na zona de metalogenia de Isfahan-Khomein. Open Journal of Geology 2022, 12, 215-233.

32. Shirazy, A.; Shirazi, A.; Heidarlaki, S.; Ziaii, M. Estudos exploratórios de sensoriamento remoto para determinar as zonas

de mineralização em torno da mina de ouro de Zarshuran. Revista Internacional de Aplicações de Ciência e Engenharia 2018, 7, 274-279.

33. Shirazi, A.; Hezarkhani, A.; Shirazy, A. Exploração Geoquímica de Dados-Aplicação para Separação de Anomalia Cu Baseada Em Métodos Estatísticos Clássicos e Modernos no Sul de Khorasan, Irão. Revista Internacional de Aplicações de Ciência e Engenharia (IJSEA) 2018, 7, 39-44.

34. Khakmardan, S.; Doodran, R.J.; Shirazy, A.; Shirazi, A.; Mozaffari, E. Avaliação da recuperação de cromite de rejeitos de mesa vibratória pelo método de separação magnética. Jornal Aberto de Geologia 2020, 10, 1153-1163.

35. Khayer, K.; Shirazy, A.; Shirazi, A.; Ansari, A.; Nazerian, H.; Hezarkhani, A. Determinação do Fator de Tortuosidade de Archie a partir de Ondas de Stoneley em Reservatórios de Carbonato. Revista Internacional de Aplicações de Ciência e Engenharia (IJSEA) 2021, 10, 107-110.

36. Nazerian, H.; Catania, C.; Shirazy, A.; Shirazi, A.; Hezarkhani, A. Conceção de uma rede neural artificial (BPNN) para prever o teor de óxido de silício (SiO2) com base nos valores dos principais óxidos da rocha: Estudo de caso de alimentação de fábrica de vidro. Revista Internacional de Aplicações de Ciência e Engenharia (IJSEA) 2022, 2, 41-44.

37. Nazerian, H.; Shirazy, A.; Shirazi, A.; Hezarkhani, A. Conceção de uma rede neural artificial (BPNN) para prever o teor de óxido de silício (SiO2) com base nos valores dos principais óxidos da rocha: Estudo de caso de alimentação de fábrica de vidro. Revista Internacional de Aplicações de Ciência e Engenharia (IJSEA) 2022, 2, 41-44.

38. Khakmardan, S.; Shirazi, A.; Shirazy, A.; Hosseingholi, H. Capacidade de lixiviação de minério de óxido de cobre e comportamento de cimentação, depósito de mesgaran no Irão. Jornal Aberto de Geologia 2018, 8, 841.

39. Shirazy, A.; Shirazi, A.; Ansari, A.; Hezarkhani, A. Estimativa do expoente de cimentação em reservatórios de carbonato: Um novo método. Jornal Global de Ciências da Computação: Teoria e Investigação 2020, 10, 66-72.

40. Shirazy, A.; Shirazi, A.; Hezarkhani, A. Behavioral Analysis of Geochemical Elements in Mineral Exploration:-Methodology and Case Study; LAP LAMBERT Academic Publishing: 2020.

41. Ahmadi, M.E.; Mesroghli, S.; Hedayat, B.; Nazerian, H.; Shirazi, A.; Shirazy, A. Avaliação da Influência da Mistura de Ácido Sulfúrico/Peróxido de Hidrogénio na Redução de Enxofre Orgânico de Carvões com Elevado Teor de Enxofre e sua Composição Química. Open Journal of Geology 2022, 12, 199-214.

42. Shirazy, A.; Shirazi, A.; Nazerian, H. Application of Remote Sensing in Earth Sciences-A Review (Aplicação da Deteção Remota nas Ciências da Terra - Uma Revisão). International Journal of Science and Engineering Applications 2021, 10, 45-51.

43. Dohuee, M.; Khosravi, V.; Shirazi, A.; Shirazy, A.; Nazerian, H.; Pour, A.B.; Hezarkhani, A.; Pradhan, B. Detecções de alteração usando dados de sensoriamento remoto ASTER e geometria fractal para prospeção mineral na área de Hemich, NE do Irã. Em Proceedings of the IGARSS 2022-2022 IEEE International Geoscience and Remote Sensing Symposium, 2022; pp. 5520-5523.

44. Shirazy, A.; Shirazi, A.; Hezarkhani, A. Advanced Integrated Methods in Mineral Exploration; LAP Lambert Academic Publishing: Alemanha, 2022.

45. Thompson, M.; Ramsey, M.H. Quality concepts and practices applied to sampling-an exploratory study. Analyst 1995, 120, 261-270.

46. Méndez, A.S. A discussion on current quality-control practices in mineral exploration; IntechOpen: 2011.

47. Plouffe, A.; McClenaghan, M.; Paulen, R.; McMartin, I.; Campbell, J.; Spirito, W. Garantia de qualidade e medidas de controlo de qualidade aplicadas a estudos de minerais indicadores no Serviço Geológico do Canadá. Novas fronteiras para a exploração em terrenos glaciares, ficheiro aberto 2013, 7374.

48. Smee, B. Quality Control in Mineral Exploration: Controlar a qualidade da informação desde o campo até à base de dados. Em Proceedings of the Exploration, 2007.

49. Evans James, R. Gestão e controlo da qualidade; 2005.

50. Institute, P.M. A Guide to the Project Management Body of Knowledge (PMBOK® Guide)-and The Standard for Project Management. 2021.

51. Juran, J.M. A history of managing for quality: The evolution, trends, and future diretions of managing for quality. (Sem título) 1995.

52. Gonçalves, M.A.; Mateus, A.; Pinto, F.; Vieira, R. Utilização de modelação multifractal, mapeamento de singularidades e índices geoquímicos para a identificação de mineralizações enterradas: Aplicação ao sistema de minério W-Sn Panasqueira, Portugal. Jornal de Exploração Geoquímica 2018, 189, 42-53.

53. Rokos, D.; Argialas, D.; Mavrantza, R.; St-Seymour, K.; Vamvoukakis, C.; Kouli, M.; Lamera, S.; Paraskevas, H.; Karfakis, I.; Denes, G. Structural analysis for gold mineralization using remote sensing and geochemical techniques in a GIS environment: island of Lesvos, Hellas. Investigação em Recursos Naturais 2000, 9, 277-293.

54. Karimpour, M.H.; Stern, C.; Farmer, L.; Saadat, S. Revisão da idade, geoquímica Rb-Sr e petrogénese de rochas ígneas do Jurássico ao Quaternário no Bloco Lut, Irão Oriental. Geopersia 2011, 1, 19-54.

55. Leybourne, M.I.; Johannesson, K.H. Rare earth elements (REE) and yttrium in stream waters, stream sediments, and Fe-Mn oxyhydroxides: fractionation, speciation, and controls over REE+ Y patterns in the surface environment. Geochimica et Cosmochimica Ata 2008, 72, 5962-5983.

56. Nothdurft, L.D.; Webb, G.E.; Kamber, B.S. Rare earth element geochemistry of Late Devonian reefal carbonates, Canning Basin, Western Australia: confirmation of a seawater REE proxy in ancient limestones. Geochimica et Cosmochimica Ata 2004, 68, 263-283.

57. Zedef, V.; Doyen, A. Rare earth element (REE) geochemistry and genetic implications of the Mortas-bauxite deposit (Seydis-ehir/Konya-Southern Turkey). Chemie der Erde 2009, 69, 143-159.

58. Liu, C.; Hu, S.; Ma, S.; Tang, L. Padrões geoquímicos primários do depósito de cobre skarn laminar da Montanha Donggua em Anhui, China. Journal of Geochemical Exploration 2014, 139, 152-159.

59. Carranza, E.J.M. Primary geochemical characteristics of mineral deposits: implications for exploration (Caraterísticas geoquímicas primárias dos depósitos minerais: implicações para a exploração). Ore Geology Reviews 2012, 45, 1-4.

60. Curso, C.S.; Amor, S. UMA VISÃO GERAL DOS MÉTODOS GEOQUÍMICOS. 2013.

61. Ziaii, M.; Ardejani, F.D.; Ziaei, M.; Soleymani, A.A. Algoritmos genéticos baseados em modelação neuro-fuzzy para identificação de anomalias geoquímicas na geoquímica mineira. Applied geochemistry 2012, 27, 663-676.

62. Kharbish, S.; Eldosouky, A.M.; Amer, O. Integrating mineralogy, geochemistry and aeromagnetic data for detecting Fe-Ti ore deposits bearing layered mafic intrusion, Akab El-Negum, Eastern Desert, Egypt. Relatórios científicos 2022, 12, 1-19.

63. Zuo, R.; Wang, J.; Chen, G.; Yang, M. Identificação de anomalias fracas: Uma perspetiva multifractal. Journal of Geochemical Exploration 2015, 148, 12-24.

64. Saadat, S. Geologia, geoquímica e levantamento magnético terrestre no depósito de minério de ferro Kalateh Naser, província de Khorasan Jonoubi. Jornal de Geologia Económica 2017, 8, 593-607.

65. Cooke, D.; Hollings, P.; Wilkinson, J.; Tosdal, R. Geochemistry of porphyry deposits. 2014.

66. Xunde, H.; Dingyuan, Z. Geochemical zoning pattern of the Yinyan tin deposit. Journal of Geochemical Exploration 1989, 33, 109-119.

67. Solovov, A.P.; Kuznetov, V. Geochemical prospecting for mineral deposits; Mir Publ.: 1987.

68. Carranza, E.J.M. Geochemical anomaly and mineral prospectivity mapping in GIS; Elsevier: 2008.

69. Nakamura, N. Determinação de REE, Ba, Fe, Mg, Na e K em condritos carbonosos e ordinários. Geochimica et cosmochimica ata 1974, 38, 757-775.

70. Zuo, R.; Xia, Q.; Zhang, D. Um estudo comparativo dos modelos C-A e S-A com análise de singularidade para identificar anomalias geoquímicas em áreas cobertas. Applied geochemistry 2013, 33, 165-172.

71. Wood, S.A. The aqueous geochemistry of the rare-earth elements and yttrium: 1. Review of available low-temperature data para complexos inorgânicos e especiação inorgânica de REE em águas naturais. Chemical Geology 1990, 82, 159-186.

72. Parsa, M.; Shirazy, A.; Shirazi, A.; Pour, A.B. Processing and interpretation of geochemical data for mineral exploration. Em Geospatial Analysis Applied to Mineral Exploration; Elsevier: 2023; pp. 171-188.

73. Selley, R.C.; Cocks, L.R.M.; Plimer, I.R. Encyclopedia of geology; Elsevier Academic: 2005.

74. Hunt, G.R. Spectral signatures of particulate minerals in the visible and near infrared (Assinaturas espectrais de minerais particulados no visível e no infravermelho próximo). Geophysics 1977, 42, 501-513.

75. Zhang, Q.; Zhou, Y.; He, J.; Zhu, B.; Han, F.; Long, S. A Review on Global Cooperation Network in the Interdisciplinary Research of Geochemistry Combined with Artificial Intelligence. Minerals 2023, 13, 1332.

76. Zhou, J.; Qiu, Y.; Zhu, S.; Armaghani, D.J.; Li, C.; Nguyen, H.; Yagiz, S. Otimização da máquina de vetor de suporte através do uso de algoritmos metaheurísticos na previsão da taxa de avanço do TBM. Engineering Applications of Artificial Intelligence 2021, 97, 104015.

77. Benardos, A.; Kaliampakos, D. Modelling TBM performance with artificial neural networks. Tunnelling and Underground Space Technology 2004, 19, 597-605.

78. Kurtulus, B.; Razack, M. Modelação das respostas de descarga diária de um grande aquífero cársico utilizando métodos de computação suave: Rede neural artificial e neuro-fuzzy. Journal of Hydrology 2010, 381, 101-111.

79. Hagan, M.T.; Demuth, H.B.; Jesús, O.D. An introduction to the use of neural networks in control systems. International Journal of Robust and Nonlinear Control: IFAC-Affiliated Journal 2002, 12, 959-985.

80. Martins, T.F.; Seoane, J.C.S.; Tavares, F.M. Cu-Au exploration target generation in the eastern Carajás Mineral Province using random forest and multi-class index overlay mapping. Journal of South American Earth Sciences 2022, 116, 103790.

81. Radice, S.; Klinger, F.L.; Maffini, M.N.; Pinotti, L.P.; Demartis, M.; Giménez, M.; Coniglio, J.E. Crustal structure in high deformation zones: Insights de estudos gravimétricos e magnetométricos na zona de cisalhamento Guacha Corral (Eastern Sierras Pampeanas, Argentina). Jornal de Ciências da Terra da América do Sul 2018, 82, 261-273.

82. Karimpour, M.H.; Shafaroudi, A.M.; Mohammadi, F.; Askari, A.; Sadeghi, M.; Santos, J.F.; Stern, C.R. Comparação das caraterísticas petrológicas e geoquímicas de três tipos diferentes de mineralização de cobre-ouro do Eoceno no Irão oriental. Ore Geology Reviews 2021, 138, 104335.

83. Saljoughi, B.S.; Hezarkhani, A. Uma análise comparativa de modelos orientados por dados de rede neural artificial (ANN), rede neural wavelet (WNN) e máquina de vetor de suporte (SVM) para mapeamento de potencial mineral para mineralizações de cobre na região de Shahr-e-Babak, Kerman, Irã. Applied Geomatics 2018, 10, 229-256.

84. Yagiz, S.; Gokceoglu, C.; Sezer, E.; Iplikci, S. Application of two non-linear prediction tools to the estimation of tunnel boring

machine performance. Engineering Applications of Artificial Intelligence 2009, 22, 808-814.

85. Salimi, A.; Rostami, J.; Moormann, C.; Delisio, A. Application of non-linear regression analysis and artificial intelligence algorithms for performance prediction of hard rock TBMs. Tunnelling and Underground Space Technology 2016, 58, 236-246.

86. JAVAD, G.; NARGES, T. Application of artificial neural networks to the prediction of tunnel boring machine penetration rate. Mining Science and Technology (China) 2010, 20, 727-733.

87. Mobarra, Y.; Hajian, A.; Rahgozar, M. Aplicação de redes neuronais artificiais à previsão da taxa de penetração da TBM no túnel de transferência de água de Golab conduzido por TBM. In Proceedings of the Proceedings of the International Conference on Civil Engineering Architecture & Urban Sustainable Development, Tabriz, Irão, 2013; pp. 27-28.

88. Oh, H.-J.; Lee, S. Application of artificial neural network for gold-silver deposits potential mapping: Um estudo de caso da Coreia. Natural Resources Research 2010, 19, 103-124.

89. http://www.geo.umass.edu/courses/geo311/min%20chem%20analysis%20lecture.pdf

MIX
Papier aus verantwortungsvollen Quellen
Paper from responsible sources
FSC® C105338

Printed by Books on Demand GmbH, Norderstedt / Germany